绝味儿下饭

家常菜

瑞雅 编著

U0213330

青岛出版社
QINGDAO PUBLISHING HOUSE

图书在版编目（ＣＩＰ）数据

绝味儿下饭家常菜 / 瑞雅编著 . -- 青岛 : 青岛出版社 , 2017.5
ISBN 978-7-5552-5413-3

Ⅰ . ①绝… Ⅱ . ①瑞… Ⅲ . ①家常菜肴—菜谱 Ⅳ . ① TS972.127

中国版本图书馆 CIP 数据核字（2017）第 091449 号

书　　　名	**绝味儿下饭家常菜**
编　　著	瑞　雅
出版发行	青岛出版社
社　　址	青岛市海尔路 182 号（266061）
本社网址	http://www.qdpub.com
邮购电话	13335059110　0532-68068026
选题策划	周鸿媛　贺　林
责任编辑	徐　巍　肖　雷
装帧设计	瑞雅书业·李玲珑　王　玲　陈卓通
制　　版	青岛帝骄文化传播有限公司
印　　刷	荣成三星印刷股份有限公司
出版日期	2017 年 7 月第 1 版　2017 年 7 月第 1 次印刷
开　　本	16 开（650mm × 1020mm）
印　　张	10
字　　数	100 千
图　　数	556 幅
印　　数	1-10000
书　　号	ISBN 978-7-5552-5413-3
定　　价	25.00 元

编校印装质量、盗版监督服务电话　4006532017　0532-68068638

建议陈列类别：美食类　生活类

　　如何让人们在最短的时间里学会做菜？如何让人们在忙碌之中同样能够体验到食物的美味和营养？

　　怀着这样美好的初衷，青岛出版社携手瑞雅，一个专业从事生活类图书的策划团队，邀约众位专业摄影师和厨师，精心推出"美味制造"系列。

　　"美味制造"系列共分10册，里面既包括简单易做的家常菜，又包括宴客菜、下饭菜、滋补汤煲、家常主食等各色美食。系列中每一道菜式的烹饪，都经过厨师亲自现场制作、工作人员现场试吃、现场拍摄。我们从精心选购食材开始做起，精雕细琢菜肴的每一个制作工序，不厌其烦地调换哪怕一个很小的隐现在画面中的道具，只为用照片留住令人垂涎的美味和回忆，与您共享令人感动的色香味。希望您的厨房从此浓郁芬芳，生活从此活色生香！

[目　录]
Contents

第二章
蒸、煮、炖、烧，下饭好营养

烧

计量单位换算：

1 小匙≈3 克≈3 毫升

1 大匙≈15 克≈15 毫升

少许＝略加即可，如用来点缀菜品的香菜叶、红椒丝等。

适量＝依自己口味，自主确定分量。

烹调中所用的高汤，读者可依个人口味，选择鸡汤、排骨汤或是素高汤都可以。

第一章
煎、炒、烤、炸，
下饭好滋味

油香与食材的香味完美地融合在一起，很适合下饭。

蒜蓉煎茄子 煎

[原料]

茄子2个，葱1根，姜10克，蒜3瓣。

[调料]

椒盐1小匙，盐半小匙，油适量。

[做法]

❶ 备齐所需材料。葱、姜、蒜均洗净，分别切末。（图①）

❷ 茄子一切为二，在茄子瓤上划几刀，再抹点盐使茄子软化。（图②）

❸ 油锅烧热，放入茄子，将切开的一面先稍微煎一下，再反过来用小火煎皮的部分，直至熟透。比较着急时可以将茄子先蒸几分钟后再煎。（图③、图④）

❹ 待茄子差不多熟的时候，放入葱末、姜末、蒜末再煎一会儿，最后撒上椒盐，盛出即可。（图⑤、图⑥）

● 下饭 秘诀 ●

◎ 煎制菜肴时，腌制入味这一过程很重要，不能太咸或太淡。

◎ 制作椒盐：先将25克花椒用小火慢慢地焙干，再将15克盐用小火焙至发黄，将焙好的花椒、盐倒入料理机打碎即可。

下饭指数 ★★★

香煎黄花鱼 煎

[原料]

黄花鱼1条。

[调料]

盐、鱼露各1小匙，老抽1大匙，料酒半大匙，面粉2大匙，黑胡椒粉少许，油适量。

[做法]

① 备齐所需材料。黄花鱼处理干净，洗净，用刀在鱼两侧划刀口。（图①、图②）

② 用盐和黑胡椒粉涂抹鱼身内外，浇上料酒、老抽和鱼露，腌渍20分钟。（图③、图④）

③ 将腌渍好的黄花鱼均匀地裹上面粉，备用。（图⑤）

④ 油锅烧热，放入黄花鱼，待煎至两面呈金黄色且熟后盛出即可。（图⑥）

● 下饭 秘诀 ●

◎ 鱼下锅后，不要急于翻动，先转小火慢煎，等到鱼四周变黄时，再翻面。

◎ 面粉要裹匀，否则会影响菜品的口感。

五彩鲜贝 煎

[原料]

鲜贝200克，鸡蛋（取蛋清）1个，豌豆、胡萝卜、红椒、黄瓜、冬笋各20克。

[调料]

盐、味精各半小匙，干淀粉1小匙，香油少许，油适量。

[做法]

❶ 备齐所需材料。豌豆放入沸水锅中焯烫至断生，捞出放凉后去皮；胡萝卜、红椒、黄瓜、冬笋分别洗净，切成菱形丁，放入沸水锅中焯烫至断生，捞起后用凉开水过凉。（图①~图③）

❷ 将鲜贝解冻后漂洗干净，切丁，放入沸水中稍汆烫，捞出，沥干后加入盐、鸡蛋清、干淀粉充分拌匀上浆。（图④）

❸ 油锅烧至四成热，放入已裹上鸡蛋清淀粉的鲜贝煎至色泽变白、肉质刚熟且彼此分散时盛出，放凉。

❹ 盆中放入鲜贝和焯烫好的蔬菜丁，再加入盐、味精、香油拌匀，装盘即可。（图⑤、图⑥）

● 下饭 秘诀 ●

◎ 焯烫后的豌豆、胡萝卜、红椒、黄瓜、冬笋丁颜色鲜艳，与鲜贝同烹，营养丰富，诱人食欲。

◎ 鲜贝煎至刚熟时，口感最佳。

泡椒炒莴笋

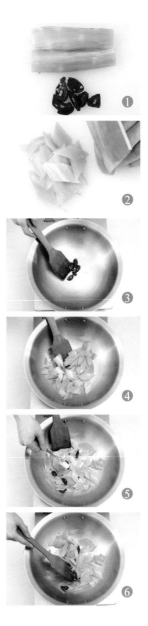

[原 料]

莴笋300克，泡椒适量。

[调 料]

盐、味精、料酒、油各适量。

[做 法]

❶ 备齐所需材料。莴笋去皮，洗净。泡椒切段。（图①）

❷ 将洗净的莴笋切片。（图②）

❸ 油锅烧热，放入泡椒段炒出香味。（图③）

❹ 锅中加入莴笋片，待材料将熟时，调入盐、味精、料酒炒匀即可。（图④~图⑥）

● 下饭 秘诀 ●

◎ 莴笋翻炒的时间不宜过长，否则会影响莴笋的口感。

◎ 莴笋片下锅时，要转大火快速翻炒，这样莴笋会脆嫩而且不会变软。

炝炒大白菜 炒

[原 料]

白菜400克，葱花适量。

[调 料]

干辣椒段、花椒、油各适量，盐半小匙，味精少许。

[做 法]

❶ 备齐所需材料。白菜洗净，切丝，备用。（图①）

❷ 锅中加水烧开，放入白菜丝稍焯烫，捞出，沥干。

❸ 油锅烧热，下入干辣椒段、花椒炝锅，再放白菜丝翻炒片刻。（图②、图③）

❹ 待白菜丝稍软后调入盐、味精炒匀，撒上葱花即可。（图④~图⑥）

● 下饭 秘诀 ●

◎ 白菜焯烫时间不宜过长。

◎ 炒菜时，先用大火快速煸出大白菜的部分水分，再放调料快炒至入味。如果要加酱油，则应少放，以免影响其清爽口感。

干煸土豆丝 炒

[原 料]

土豆400克，芹菜梗适量。

[调 料]

花椒、干辣椒、鸡精各少许，盐半小匙，油适量。

[做 法]

❶ 备齐所需材料。芹菜梗洗净，切丝；干辣椒洗净，切段。（图①）

❷ 土豆去皮，洗净，切丝。（图②）

❸ 油锅烧热，下入干辣椒段、花椒炒香，放入芹菜梗丝炒匀。（图③、图④）

❹ 锅中下入土豆丝，将土豆丝炒熟至金黄色，下入盐、鸡精炒匀即可。（图⑤、图⑥）

● 下饭  秘诀 ●

◎ 在煸炒过程中淋些水，可预防土豆丝炒干、炒老。

◎ 土豆含大量淀粉，烹调土豆时，只要水分或油量充足即可使其快速软熟，因此，烹调土豆时可加适量水或适量油。

豌豆炒菜花

[原料]

菜花300克，西红柿1个，豌豆30克。

[调料]

番茄酱4小匙，生抽1小匙，白糖、盐各半小匙，水淀粉2小匙，油适量。

[做法]

❶ 备齐所需材料。将菜花掰成小朵，放入淡盐水中浸泡10分钟后用清水洗净；西红柿洗净后去蒂，切成大块。（图①、图②）

❷ 锅中倒入清水，烧开后先放入菜花，用大火焯烫2分钟，再放入豌豆焯烫1分钟，将菜花和豌豆捞出，沥干。（图③）

❸ 油锅烧热，放入西红柿块、豌豆、菜花翻炒几下，倒入番茄酱快速炒匀。（图④、图⑤）

❹ 倒入清水，调入生抽、白糖和盐搅拌均匀，中火炒2分钟后改成大火，淋入水淀粉，沿顺时针画圈勾芡即可。（图⑥）

● 下饭 秘诀 ●

◎ 将菜花泡在淡盐水中可以分解其表面的农药残留物，使食物更健康。

◎ 菜花只有快炒至熟，才可以保持其脆嫩的口感。

下饭雪里蕻

[原 料]　雪里蕻400克，蒜末、姜片各适量。

[调 料]　盐、干辣椒段各少许，油适量。

[做 法]

❶ 备齐所需材料。将雪里蕻掰开，洗净，切丁。（图①）

❷ 将雪里蕻丁放入沸水中焯烫至软后捞出，放入凉水中过凉，捞出后沥干，备用。（图②）

❸ 油锅烧热，放入姜片炒至变色，然后放入蒜末、干辣椒段煸炒出香味，倒入雪里蕻丁，翻炒片刻，停火，调入盐拌匀即可。（图③）

干煸青辣椒 炒

[原　料]　青辣椒5个，红辣椒1个，蒜片适量。

[调　料]　豆豉酱、盐、白糖、油各适量。

[做　法]

❶ 将青辣椒和红辣椒分别清洗干净，切成段，用小刀在青辣椒表皮上划上一些小口。（图①）

❷ 油锅烧热，放入青辣椒段和红辣椒段翻炒，当辣椒两面都煎出漂亮的虎皮时盛出。（图②）

❸ 另起油锅烧热，放入蒜片和豆豉酱，小火煸炒出香味，然后放入虎皮辣椒翻炒几下，再加入少量的水稍微煮一下，加入白糖、盐调味，炒匀即可。（图③）

扒双菜 炒

[原料] 净白菜帮250克，小油菜200克，葱、姜各少许。

[调料] 鸡汤、水淀粉各1大匙，料酒、酱油各2小匙，白糖1小匙，盐、味精各少许。

[做法]

❶ 将白菜帮顺向切成3厘米长、1厘米宽的条；小油菜洗净备用；葱、姜切末。（图①）

❷ 白菜帮、小油菜分别入沸水锅中汆烫至熟，捞出过凉水，沥干备用。（图②）

❸ 油锅烧热，下葱末、姜末炝锅，烹入料酒、酱油、盐、味精、白糖和鸡汤。

❹ 把白菜帮和小油菜放入锅中煸炒至熟，用水淀粉勾芡，起锅装盘即可。（图③）

青椒炒鸡蛋 炒

[**原 料**]　鸡蛋5个，青椒200克，葱、姜各适量。

[**调 料**]　花椒粉、盐、香油、油各适量。

[**做 法**]

❶ 鸡蛋磕入碗中，加盐，搅打均匀，备用。

❷ 青椒洗净，切块；葱、姜分别切末，备用。

❸ 蛋液倒入热油锅中炒熟，盛出，沥油，备用。（图①）

❹ 锅底留油，烧热后爆香葱末、姜末，然后放入花椒粉、青椒块炒匀，接着放入炒熟的鸡蛋，再加盐翻炒均匀，最后放入香油即可。（图②、图③）

杂炒鸡腿菇 炒

[原料] 鸡腿菇300克，脆肠块100克，荷兰豆50克，红椒、香菇片、葱、姜各适量。

[调料] 水淀粉、酱油、香油、料酒、鸡精、油各适量，盐1小匙。

[做法]

❶ 鸡腿菇洗净，切片；红椒洗净，切块；葱、姜分别切末；备好其他材料。（图①）

❷ 鸡腿菇片、脆肠块、荷兰豆、香菇片放入沸水中焯烫至熟，捞出，沥干。（图②）

❸ 油锅烧热，放入鸡腿菇片、脆肠块、葱末、姜末翻炒片刻，然后加盐、酱油、鸡精、料酒调味，再加适量水翻炒均匀，接着放入荷兰豆、香菇片、红椒块翻炒至入味，用水淀粉勾芡，滴入香油即可。（图③）

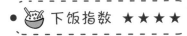

椒炒茶树菇 炒

[原 料] 茶树菇200克，猪肉丝80克，蒜末、姜片、葱花各适量。

[调 料] 白糖少许，盐、生抽、胡椒粉、油各适量，干辣椒4个。

[做 法]

❶ 茶树菇去蒂，洗净；猪肉丝洗净；干辣椒洗净，切小段；备好其他材料。（图①）

❷ 油锅烧热，爆香姜片、蒜末，放入猪肉丝滑散，再放入茶树菇、干辣椒大火略炒，调入生抽翻炒至食材断生。（图②）

❸ 锅中加盐、白糖、胡椒粉调味，撒上葱花翻炒均匀即可。（图③）

青蒜豆腐 炒

[原料]

卤水豆腐300克，青蒜20克，朝天椒适量，猪肉末50克。

[调料]

生抽、料酒各1大匙，白糖1小匙，盐半小匙，油适量。

[做法]

❶ 卤水豆腐冲洗干净，切成片；青蒜切段；朝天椒切菱形片；备好猪肉末。（图①）

❷ 油锅烧热，将豆腐片放入锅中，将一面炸至金黄且微微硬挺后翻面，将另一面也煎黄，捞出，备用。（图②）

❸ 锅底留油烧热，煸炒猪肉末和朝天椒片，待猪肉末变色后加入料酒翻炒。（图③、图④）

❹ 将炸好的豆腐片放入锅中，加入生抽、白糖翻炒均匀，最后加入青蒜段和盐炒匀即可。（图⑤、图⑥）

● 下饭 秘诀 ●

翻炒豆腐时，为防止豆腐碎掉，不宜用力太大。

韭黄香干 炒

[原 料]　韭黄300克，香干20克。

[调 料]　酱油、盐、油各适量。

[做 法]

❶ 韭黄清洗干净，切段；香干洗净，切条，备用。（图①）

❷ 油锅烧热，放入香干条，调入酱油，加少许盐翻炒数下，起锅，备用。（图②）

❸ 锅底留油烧热，然后放入韭黄段，调入盐，大火煸炒一下，倒入炒好的香干条翻炒均匀即可。（图③）

腊香茶树菇 炒

[原料]　鲜茶树菇300克，腊肉片100克，红辣椒段、蒜块、葱段、姜片各适量。

[调料]　花椒、郫县豆瓣酱、剁椒酱、干辣椒、老干妈油辣椒油各适量，盐、胡椒粉各半小匙，香油1小匙，鸡精、白糖、红油各少许。

[做法]

❶ 备齐所需材料。鲜茶树菇洗净，去蒂，切段；剁椒酱、老干妈油辣椒、郫县豆瓣酱分别切碎，备用。（图①）

❷ 油锅烧热，下入花椒、干辣椒煸香，放入少许葱段、姜片、蒜块翻炒均匀，然后放入切碎的郫县豆瓣、剁椒酱、老干妈油辣椒，放入腊肉片煸香，调入盐、鸡精、白糖翻炒均匀。（图②）

❸ 锅中继续放入茶树菇段，然后放入红油、香油、胡椒粉、葱段炒匀即可。（图③）

芥辣魔芋丝 炒

[原料] 魔芋丝200克，金针菇、胡萝卜丝、黄瓜丝各100克，香菜段适量。

[调料] 香油、剁椒各半小匙，生抽1小匙，白糖、醋、芥辣、油各适量。

[做法]

❶ 备齐所需材料。魔芋丝用适量清水浸泡；金针菇洗净，切掉根部。（图①）

❷ 将金针菇焯烫至变色，捞出，再放入胡萝卜丝焯烫至稍软，捞出，沥干。

❸ 锅中继续放入浸泡好的魔芋丝煮3分钟，捞出，沥干。（图②）

❹ 油锅烧热，放入金针菇、魔芋丝、胡萝卜丝稍炒，盛出放入碗内，加入黄瓜丝、香菜段、剁椒、白糖、生抽、醋、芥辣、香油拌匀即可。（图③）

小白菜炒肉丝

[原 料]　小白菜、猪瘦肉各200克，水发黑木耳适量。

[调 料]　盐、蔬之鲜、土豆淀粉、料酒、油各适量。

[做 法]

❶ 备齐所需材料。黑木耳洗净；小白菜洗净，切丝，放入盆中，加适量盐，用手抓匀，腌制1小时左右，挤干水分。（图①）

❷ 猪瘦肉洗净，切丝，加入适量的土豆淀粉、料酒，用手抓匀。（图②）

❸ 油锅烧热，放入猪瘦肉丝炒至肉色变白，然后放入小白菜丝略炒，再放入黑木耳翻炒均匀，加入盐、蔬之鲜翻炒几下即可。（图③）

香辣肉末炒

[原料]

酸豆角300克，猪肉末150克，葱5克，蒜20克，姜少许，红椒适量。

[调料]

盐、花椒油、干红辣椒、油各适量。

[做法]

❶ 备齐所需材料。（图①）

❷ 酸豆角切小粒；干红辣椒洗净，切圈；红椒洗净，切小粒；葱、姜、蒜分别洗净，切末，备用。（图②）

❸ 油锅烧热，放入干红辣椒圈煸炒，再放入猪肉末翻炒至变色，加入葱末、姜末、蒜末，翻炒均匀。（图③、图④）

❹ 锅中加入酸豆角粒、红椒粒和剩余调料翻炒均匀，出锅装盘即可。（图⑤、图⑥）

● 下饭  秘诀 ●

◎ 炒干红辣椒时，要用小火将其香味煸出来。

◎ 猪肉末和酸豆角粒要炒均匀。

肉丝芹菜炒

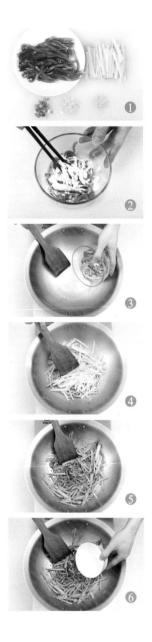

[原料]

芹菜1棵，猪里脊肉150克，葱末、姜末、蒜末各适量。

[调料]

盐、白糖、香油各半小匙，料酒、鱼露、生抽各1小匙，干淀粉、水淀粉、植物油各适量。

[做法]

❶ 备齐所需材料。芹菜洗净，留梗，用刀稍拍芹菜梗，切小段。（图①）

❷ 猪里脊肉切丝，用料酒、盐、干淀粉及少许植物油腌渍一下。（图②）

❸ 油锅烧热，将肉丝倒入锅中滑炒至断生，捞出，沥油。（图③）

❹ 锅底留油烧热，爆香葱末、姜末和蒜末，放入芹菜段翻炒片刻，加入盐、白糖、生抽、鱼露及少许水，翻炒均匀。（图④）

❺ 最后将肉丝倒回锅中一同翻炒片刻，用水淀粉勾芡，淋入少许香油，出锅即可。（图⑤、图⑥）

● 下饭 秘诀 ●

芹菜的纤维质含量高，快炒时不容易熟透，因此，在烹饪前最好先用刀背将芹菜梗拍软，以便在大火烹炒时更容易软熟。

青笋炒肉 炒

[原料]

青笋200克，猪里脊肉100克，姜片、蒜片、马耳朵泡辣椒各5克。

[调料]

料酒、水淀粉各2小匙，盐、鸡精各半小匙，干淀粉、胡椒粉、松肉粉各少许，鲜汤、油各适量。

[做法]

❶ 备齐所需材料。（图①）

❷ 青笋去皮，洗净，切成菱形片；猪里脊肉去筋，洗净，切成厚约0.1厘米的片，放入碗中，加盐、料酒、松肉粉、干淀粉和匀，腌渍15分钟。（图②、图③）

❸ 油锅烧至四成热，放入肉片滑散，投入姜片、蒜片、马耳朵泡辣椒炒香。（图④）

❹ 锅中继续倒入青笋片翻炒均匀，倒入鲜汤，加盐、鸡精、胡椒粉调味，用水淀粉勾芡，起锅装盘即可。（图⑤、图⑥）

●  下饭 秘诀 ●

◎ 在切猪里脊肉时，注意厚薄要一致。

◎ 猪里脊肉腌渍时间要充分，应使其入味。

香辣肉末皮蛋 炒

[原　料]　皮蛋150克，猪肉100克，青辣椒、红辣椒各50克，葱末适量，香菜叶少许。

[调　料]　盐半小匙，白糖少许，醋、生抽各1小匙，油适量。

[做　法]

❶ 备齐所需材料。青辣椒、红辣椒分别洗净，切块；猪肉洗净，剁成肉末；皮蛋放入锅中煮5分钟，捞出，切瓣。（图①）

❷ 油锅烧热，下葱末炒香，然后下入猪肉末翻炒，待猪肉末炒至变色后倒入生抽翻炒片刻。（图②）

❸ 锅中继续放入青辣椒块、红辣椒块炒熟，倒入皮蛋瓣，最后调入盐、白糖、醋炒匀，用香菜叶点缀即可。（图③）

青红椒炒腊肉 炒

[原　料]　腊肉250克，红椒、青椒各50克。

[调　料]　干辣椒段5克，料酒1小匙，酱油、味精、豆豉各少许，鸡汤、油各适量。

[做　法]

❶ 将腊肉洗干净，沥干后切成片；红椒、青椒均洗净，切成块；备好其他材料。（图①）

❷ 将腊肉片放入沸水中余烫一下，捞出，沥干，备用。

❸ 油锅烧热，放入豆豉、干辣椒段、红椒块、青椒块爆香。（图②）

❹ 锅中继续放入腊肉片、料酒、酱油、味精、鸡汤，烧开后用微火炒10分钟，收汁装盘即可。（图③）

腊肠西蓝花 炒

[原料]

西蓝花300克，腊肠200克，蒜瓣少许。

[调料]

鸡精、盐各半小匙，油适量。

[做法]

❶ 备齐所需材料。腊肠切片；蒜剁末；西蓝花洗净，切成小朵。（图①）

❷ 将西蓝花放入加有盐的沸水中焯烫20秒，捞出后沥干。（图②）

❸ 热锅放油烧热，加入蒜末炒出香味，加入切好的腊肠片炒出油。（图③、图④）

❹ 锅中加入焯烫好的西蓝花，翻炒片刻后加入盐和鸡精调味即可出锅。（图⑤、图⑥）

● 下饭 秘诀 ●

◎ 西蓝花焯烫时间不宜过久，至其质地略硬即可。

◎ 西蓝花焯烫后不用再泡凉水，直接捞出后沥干即可，否则其清脆、清甜的口感也会丧失。

下饭猪肚 炒

[原 料]　猪肚300克，泡豇豆、泡椒、红辣椒段各少许，姜片、蒜末、青椒丝各适量。

[调 料]　料酒、盐、油各适量。

[做 法]

❶ 备齐所需材料。（图①）

❷ 猪肚洗净，切成小条。（图②）

❸ 油锅烧热，下入姜片、蒜末、红辣椒段煸炒出香味，再放入青椒丝煸炒，然后放入切好的猪肚条，淋入料酒调味，改至大火翻炒。

❹ 下入泡椒和泡豇豆，调入盐翻炒均匀即可。（图③）

尖椒肥肠 炒

[原 料]　猪肥肠500克，青尖椒2个，姜适量。

[调 料]　干辣椒3个，盐1小匙，鸡精半小匙，咖喱粉、五香粉、孜然粉、油各
　　　　　适量。

[做 法]

❶ 猪肥肠洗净，切块；青尖椒洗净，切块；姜切片；干辣椒洗净，切段，备用。
　（图①）

❷ 油锅烧热，放入猪肥肠块，煸炒至微黄，倒出多余的油。（图②）

❸ 锅中放入干辣椒段、姜片煸香，放入盐、咖喱粉、孜然粉、五香粉翻炒均匀，
　放入青尖椒块略翻炒，最后加鸡精调味即可。（图③）

泡菜炒肥肠 炒

[原料]

猪肥肠300克，辣白菜100克，洋葱1个。

[调料]

味精、清汤、白糖各少许，辣椒油2小匙，盐1小匙，料酒1大匙，白醋、酱油、水淀粉、油各适量。

[做法]

❶ 备齐所需材料。辣白菜切成片或小块；洋葱洗净，切小片；猪肥肠洗净，切成小块，放入清水锅内，用小火煮熟，捞出，过凉。（图①、图②）

❷ 油锅烧至七成热，放入肥肠炸一下，捞出，沥油。

❸ 另取油锅烧热，放入辣白菜块和洋葱片炒香，烹入料酒、白醋，再加入酱油、白糖、盐、味精翻炒均匀。（图③、图④）

❹ 添入少许清汤烧沸，倒入炸好的猪肥肠，改用小火翻炒至入味，用水淀粉勾芡，淋入辣椒油即可。（图⑤、图⑥）

● 下饭 秘诀 ●

◎ 猪肥肠一定要清理干净，以免腥味太重影响菜品口感。

◎ 辣白菜需炒香后再放其他调料。

酸菜牛肉 炒

[原 料] 牛肉250克，酸菜200克，葱汁、蒜蓉、姜末各适量，香菜叶少许。

[调 料] 白糖10克，醋15克，花椒油、水淀粉、香油各1小匙，黄酒1大匙，油适量。

[做 法]

❶ 牛肉洗净，切片；酸菜洗净，切大片。（图①）

❷ 取一小碗，用水、白糖、醋、水淀粉调成芡汁，备用。（图②）

❸ 油锅烧热，放入牛肉片炒熟，盛出，沥油。

❹ 锅底留油，将酸菜片下入锅中，加花椒油煸炒，再加葱汁、姜末、蒜蓉爆香，放入牛肉片，淋入黄酒炒匀，随即把芡汁倒入，翻炒入味后淋入香油，撒上香菜叶即可。（图③）

● 下饭指数 ★★★★★

辣炒牛柳 炒

[原 料] 牛柳400克，鸡蛋1个，葱、姜、蒜各适量。

[调 料] 干辣椒3个，盐、香油各半小匙，干淀粉、味精各少许，水淀粉、面粉、高汤油各适量，酱油、花椒粉各1小匙。

[做 法]

❶ 牛柳洗净，切丁；鸡蛋磕入碗中，打散；葱、姜分别切末；蒜去皮，切片；干辣椒切段，备用。（图①）

❷ 牛柳丁放入碗中，加部分盐、面粉、蛋液、干淀粉抓匀；剩余盐、味精、水淀粉、酱油放入碗中，调拌均匀成料汁。（图②）

❸ 油锅烧热，放入牛柳丁炸散，炸至表面金黄，捞出，沥油。

❹ 锅底留油烧热，爆香葱末、姜末、蒜片、干辣椒段，然后放入牛柳丁、花椒粉，翻炒均匀，调入料汁，加入高汤，小火炒至汁略收，最后大火收汁，滴入香油即可。（图③）

牛肉炝泡菜

[原料]

泡萝卜、泡芹菜、泡黄瓜共350克，净瘦牛肉50克。

[调料]

料酒2小匙，白糖1小匙，盐、味精各少许，干辣椒段20克，油适量。

[做法]

❶ 备齐所需材料。将泡萝卜、泡芹菜、泡黄瓜均洗净，切成蚕豆大小的丁；牛肉切末。（图①）

❷ 油锅烧热，放入干辣椒段炒香，然后加入牛肉末煸炒至变色。（图②、图③）

❸ 锅中烹入料酒，随后放入泡萝卜丁、泡芹菜丁、泡黄瓜丁翻炒。（图④、图⑤）

❹ 锅中加入白糖、味精、盐调味，炒至材料熟即可。（图⑥）

● 下饭 秘诀 ●

切牛肉前，先用刀背轻轻敲打牛肉，再逆着纹理切，这样炒制出来的牛肉肉质更为松软美味。

香辣鸡块

[原 料]

公鸡肉1000克，姜、蒜各10克，蒜苗50克。

[调 料]

干辣椒25克，郫县豆瓣酱50克，料酒、花椒各15克，辣椒粉2小匙，香油、盐各1小匙，酱油4小匙，味精半小匙，鲜汤100克，油适量。

[做 法]

❶ 备齐所需材料。公鸡肉洗净，切块；干辣椒切成节；郫县豆瓣酱剁细；姜、蒜均切片；蒜苗斜切成马耳朵形。（图①）

❷ 油锅烧至五成热时，煸炒鸡块，待水汽炒干时，加干辣椒炝炒。（图②、图③）

❸ 锅中依次加入郫县豆瓣酱、辣椒粉、花椒、姜片、蒜片、料酒、酱油、盐不断煸炒，烹入鲜汤。（图④）

❹ 待汤汁炒干后，调入味精，加蒜苗炒至断生，淋香油起锅即可。（图⑤、图⑥）

● 下饭  秘诀 ●

◎ 如果觉得鸡肉不够软嫩，可以用干淀粉和鸡蛋清腌渍一下，再进行炒制。

◎ 炒鸡肉时，要用大火快炒且时间不宜太久，这样鸡肉会更嫩。

苦瓜鸡片 炒

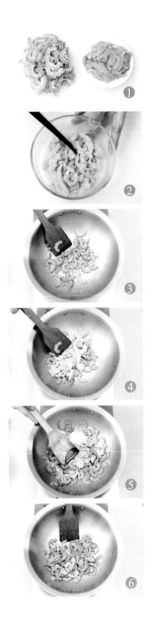

[原 料]
鸡胸肉250克，苦瓜300克。

[调 料]
酱油1大匙，料酒、水淀粉各2小匙，盐少许。

[做 法]

❶ 备齐所需材料。苦瓜剖开，去瓤、子，切成薄片，用盐腌渍后放入沸水内氽烫一下。（图①）

❷ 鸡胸肉切成薄片，用盐、料酒、酱油、水淀粉调和均匀。（图②）

❸ 油锅烧热，放入苦瓜用大火翻炒。（图③）

❹ 随后放入鸡片，与苦瓜合炒至熟，加盐调味，起锅装盘即可。（图④~图⑥）

● 下饭 秘诀 ●

◎ 切苦瓜时可以采取斜切的方式，这样可以减少苦瓜的苦味度。
◎ 苦瓜不要炒得太久，否则会影响苦瓜的口感。

糖醋鱼柳

[原料]

鲤鱼1条（约重100克），面粉50克，西红柿1个，葱白花100克，鸡蛋1个。

[调料]

白糖5大匙，醋3大匙，老抽、料酒、淀粉各4小匙，香油2小匙，高汤、胡椒粉、油各适量。

[做法]

❶ 备齐所需材料。（图①）

❷ 将鲤鱼处理干净，从背部取肉，切成长8厘米的条，用鸡蛋液、老抽、胡椒粉、香油、料酒、白糖拌匀，腌渍半小时左右，然后用淀粉、面粉裹匀。（图②）

❸ 油锅烧至八成热，放入鱼条炸至金黄色，捞出，备用。（图③）

❹ 西红柿洗净，切片，取圆盘，沿圆边摆莲花形。（图④）

❺ 油锅烧热，放入葱花炒香，加高汤、白糖、醋炒成糖醋汁。（图⑤）

❻ 另起油锅烧热，放入鱼条稍炒，捞出放入糖醋汁锅内，大火翻炒片刻，装盘即可。（图⑥）

● 下饭 秘诀 ●

◎ 鱼条裹淀粉和面粉时要裹匀。

◎ 鱼条放入糖醋汁锅时，炒制火候要大。

回锅鱼片 炒

[原料]

草鱼1000克，全蛋水淀粉、姜末各少许，蒜蓉适量，青椒末20克。

[调料]

盐半小匙，味精、料酒、香油各适量，郫县豆瓣50克，白糖、酱油各少许。

[做法]

❶ 备齐所需材料。（图①）

❷ 草鱼处理干净，从脊骨处取下两片鱼肉，每片净鱼肉斜切片，加入少许盐拌匀，再与全蛋水淀粉拌匀。（图②）

❸ 油锅烧热，将鱼片分散放入，炸至表面质硬松脆、色泽浅黄、鱼肉刚熟时捞出，控油。（图③）

❹ 锅底留油，加入剁细的郫县豆瓣、姜末、蒜蓉、青椒末炒香，加入鱼肉，同时加入盐、白糖、味精、酱油调味，边加边翻匀材料，最后分次加入料酒、香油，炒匀起锅即可。（图④~图⑥）

● 下饭 秘诀 ●

◎ 切鱼肉时，薄厚要均匀。

◎ 炸制鱼肉时不能炸得太老，否则进行炒制时，鱼肉会不鲜。

豆角炒鱿鱼 炒

[原料]

豆角350克，鱿鱼300克，红甜椒1个。

[调料]

盐少许，酱油2小匙，豆豉、料酒、油各适量。

[做法]

① 备齐所需材料。红甜椒洗净，切条；豆角择洗干净，切长段；鱿鱼洗净，切丝，用盐、料酒腌渍10分钟。（图①、图②）

② 将豆角段焯烫后沥干。

③ 油锅烧热，放入鱿鱼丝滑油后捞出，备用。（图③）

④ 另取油锅烧热，下豆豉、红甜椒条爆香，倒入鱿鱼丝、豆角段一起煸炒至熟。（图④、图⑤）

⑤ 锅中加入盐、酱油，大火炒3分钟即可。（图⑥）

● 下饭 秘诀 ●

炒鱿鱼的油温不宜过高，100～120℃即可。如果油温过高，会使鱿鱼变得干硬，影响口感。

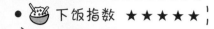下饭指数 ★★★★★

川味小河虾 炒

[原料]

小河虾300克，鸡蛋1个，青椒2个，红甜椒1个。

[调料]

盐、干淀粉、花椒水、油各适量。

[做法]

❶ 备齐所需材料。青椒、红甜椒分别洗净，切粒；小河虾处理干净，备用。（图①）

❷ 鸡蛋磕入碗中打散，加盐、干淀粉、花椒水拌匀，放入小河虾腌渍上浆。（图②、图③）

❸ 油锅烧热，放入上好浆的小河虾炒至金黄。（图④、图⑤）

❹ 放入青椒粒、红甜椒粒炒至断生，起锅装盘即可。（图⑥）

● 下饭  秘诀 ●

　　烹调虾时，经常会发现烹调出的虾肉变硬了。因此烹调虾时用大火，这样可以减少烹调时间，进而避免虾肉由于烹调时间长而变硬。

嫩炒虾仁 炒

[原 料] 虾仁250克，荸荠50克，姜末、葱末各适量，薄荷叶少许。

[调 料] 盐、白糖、料酒各半小匙，花椒油1小匙，醋、味精、淀粉各少许，油适量。

[做 法]

❶ 备齐所需材料。虾仁洗净；荸荠洗净，切片。（图①）

❷ 将虾仁和荸荠片放入碗中，加入淀粉、盐和少量水拌匀，腌渍入味后用沸水汆烫一下捞出，沥干。（图②）

❸ 油锅烧热，放入葱末和姜末炒香，加入盐、白糖、料酒、味精、醋，快速炒至材料熟透入味，淋入花椒油，出锅装盘，用薄荷叶点缀即可。（图③）

螺仔扒芦笋 炒

[原 料] 螺肉400克，芦笋200克，鸡蛋1个，姜末、葱花各适量。

[调 料] 盐1小匙，白酒、生抽、胡椒粉、油各适量。

[做 法]

❶ 备齐所需材料。（图①）

❷ 螺肉用流动的水洗净细沙，沥干，放入沸水中汆烫透，捞出，取肉，洗净后切片；芦笋去根、茎，洗净，切段，放入沸水中焯烫至熟。（图②）

❸ 油锅烧热，下入姜末、葱花爆炒出香味，放入螺肉炒熟，调入生抽、白酒、胡椒粉调味翻炒片刻，倒入打散的蛋液，滑炒成形后倒入芦笋段，调入盐，调至大火翻炒数下即可。（图③）

宫保鲜贝 炒

[原 料]

冷冻鲜贝300克，熟花生仁50克，鸡蛋（取蛋清）1个，姜片5克，蒜片、葱末各10克。

[调 料]

干辣椒10克，盐半小匙，醋1大匙，白糖、老抽、水淀粉各2小匙，味精、花椒各1小匙，淀粉3大匙，鲜汤4小匙，油适量。

[做 法]

❶ 备齐所需材料。干辣椒切段，去掉过多辣椒籽。（图①）

❷ 鲜贝解冻后吸干水分，加入盐、蛋清、淀粉拌匀上浆。（图②）

❸ 将盐、白糖、醋、老抽、味精、水淀粉、鲜汤调成味汁。（图③）

❹ 油锅烧至四成热，放入上浆的鲜贝，轻轻滑散。（图④）

❺ 锅中继续放入干辣椒段、花椒炸香，放姜片、葱末、蒜片炒香，随后烹入调味汁炒匀，收汁后加入熟花生仁，炒匀起锅即可。（图⑤、图⑥）

● 下饭 秘诀 ●

鲜贝解冻后含有较多的水分，烹制前要吸去多余水分，否则水太多容易影响滑油。

葱姜炒蟹 炒

[原料]

切蟹600克，青尖椒100克，葱、姜各30克。

[调料]

料酒1大匙，胡椒粉2小匙，盐、味精各少许，油适量。

[做法]

❶ 切蟹洗净，沥干，切件；葱、姜、青尖椒均洗净，切片。（图①）

❷ 油锅烧热，将蟹肉块依次放入锅中，炸至颜色红亮时捞出。（图②）

❸ 锅底留油烧热，放入葱片、姜片、青尖椒片爆香。（图③、图④）

❹ 锅中放入蟹肉块，加入盐、料酒、味精、胡椒粉，炒熟即可。（图⑤、图⑥）

● 下饭 秘诀 ●

　　螃蟹除了不能吃已经死掉的外，还要注意"四除"，即除蟹胃、除蟹肠、除蟹心、除蟹鳃。将这几个部位都处理干净，吃到的蟹肉才会更加美味、健康。

香烤里脊 烤

[原料]

猪里脊500克，姜、蒜各5克。

[调料]

甜料酒2大匙，鹅肝酱、老抽各3大匙，米醋
2小匙，香油、白糖各少许，黑胡椒、油各
适量。

[做法]

❶ 将猪里脊洗净，切成薄片；姜切丝；蒜切
末；备好其他材料。（图①）

❷ 将甜料酒倒入锅中烧沸，转小火煮几分钟，
加入老抽、米醋、香油、白糖拌匀，调入蒜
末、姜丝拌匀成酱汁。（图②、图③）

❸ 将调好的酱汁倒入里脊肉片上，拌匀。
（图④）

❹ 将黑胡椒倒入里脊肉片中，拌匀，腌渍30
分钟。（图⑤）

❺ 将腌渍好的猪里脊肉片放在微波炉中烤
熟，配鹅肝酱食用即可。（图⑥）

● 下饭  秘诀 ●

　　在烹饪肉食时添加酱油，最主要的目的就是上色，这样可以
让肉食呈现出较佳的色泽效果，也可以让肉质更为鲜美。此外，
酱油中豆类的营养成分也可以使肉食呈现出特有的豆香味。

奶油蟹脚烤

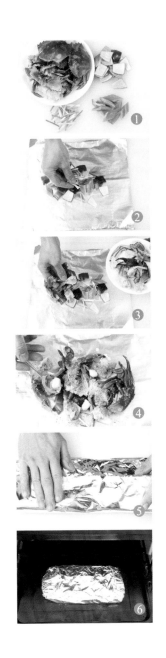

[原料]

螃蟹脚400克，洋葱片、青椒片各少许，葱1根。

[调料]

奶油、醪糟各1大匙，黑胡椒粉、盐各少许，香油1小匙，油适量。

[做法]

❶ 备齐所需材料。螃蟹脚洗净，用菜刀轻拍，让蟹脚破裂；葱洗净，切段，备用。（图①）

❷ 将洋葱片和青椒片均匀地放在铝箔纸上，然后铺上葱段。（图②）

❸ 将螃蟹脚放在葱段上，加入所有调料，将铝箔纸四边折起成方盒。（图③~图⑤）

❹ 将铝箔纸放入预热至190℃的烤箱中，烤约10分钟，取出即可。（图⑥）

● 下饭 秘诀 ●

◎ 烤箱一定要提前预热。

◎ 所有材料一定要均匀铺齐，这样才能保证食材入味。

豆香炸萝卜 炸

[原 料]

白萝卜100克，豆腐50克，鸡蛋1个。

[调 料]

水淀粉2小匙，盐、味精各少许，油适量。

[做 法]

❶ 白萝卜洗净，去皮，切条；豆腐洗净；备好其他食材。（图①）

❷ 将豆腐放入碗中，用勺子碾成泥，备用。（图②）

❸ 将鸡蛋打散，倒入豆腐泥中搅拌均匀。（图③）

❹ 在鸡蛋豆腐泥中加水淀粉、盐、味精拌匀，制成面糊。（图④）

❺ 将白萝卜条放入面糊中，拌匀。（图⑤）

❻ 将拌匀的白萝卜条放入热油锅中炸至焦黄，捞出即可。（图⑥）

● 下饭 秘诀 ●

◎ 面糊中的调料要搅拌均匀。

◎ 白萝卜条上的面糊要裹均匀，这样才能保证炸出来的萝卜都是酥脆的。

香炸肉丸 炸

[原料]

猪肉末、牛肉末各300克，洋葱半个，鸡蛋1个，面包屑200克。

[调料]

盐、白糖各少许，黑胡椒粉2小匙，酱油、油各适量。

[做法]

❶ 备齐所需材料。将洋葱切成碎末；鸡蛋磕入碗中，打成蛋液，备用。（图①）

❷ 猪肉末和牛肉末均放入碗中，加入蛋液、酱油、黑胡椒粉、盐、白糖一起搅拌均匀。（图②、图③）

❸ 碗中继续拌入洋葱碎和面包屑，拌匀后捏成大小均匀的丸子。（图④、图⑤）

❹ 油锅烧热，将丸子下入油锅中炸至肉熟，待表面呈金黄色，捞出即可。（图⑥）

● 下饭  秘诀 ●

制作丸子时，丸子大小要均匀，这样才能保证炸出来的丸子都是外焦里嫩的。

麻辣仔鸡 炸

[原 料]

鸡肉200克，白芝麻10克，葱段少许。

[调 料]

盐1小匙，干辣椒200克，水淀粉、油各适量。

[做 法]

❶ 备齐所需材料。干辣椒洗净，切丁；鸡肉
洗净，切块。（图①）

❷ 将鸡肉块均匀地裹上水淀粉，撒上白芝麻
拌匀。（图②、图③）

❸ 将鸡肉块放入油锅中炸至浮起，然后捞
出，备用。（图④）

❹ 油锅烧热，放入干辣椒丁爆香，放进炸鸡
块，加入盐、葱段，爆炒3分钟，盛出即
可。（图⑤、图⑥）

● 下饭  秘诀 ●

炸鸡块的过程中，要控制好油温，还要不停地翻动，这样才
可以避免将鸡肉块炸煳。

香炸虾排酥 炸

[原料]

鲜虾300克，生菜、面包糠各50克，鸡蛋（取蛋清）1个。

[调料]

玉米粉15克，盐少许，绍酒、鸡精、胡椒粉、油各适量。

[做法]

❶ 鲜虾、生菜分别洗净；备好其他食材。（图①）

❷ 鲜虾去头、壳、肠泥，留尾。

❸ 将鲜虾洗净后从背部剖开，腹部相连。（图②）

❹ 将虾加盐、鸡精、胡椒粉、绍酒，腌渍入味。（图③）

❺ 将腌渍入味的虾蘸上玉米粉，裹上鸡蛋清，粘上面包糠，拍平成虾排。（图④、图⑤）

❻ 将虾排放油锅中炸至金黄色，装入铺有生菜的盘内即可。（图⑥）

下饭 秘诀

炸制时火力不宜太大，油温不宜太高，以免虾的肉质干硬。

椒盐酥虾 炸

[原料]

河虾300克，鸡蛋1个。

[调料]

干淀粉30克，面粉10克，盐、味精各半小匙，花椒粉1小匙，油适量。

[做法]

❶ 备齐所需材料。选用大小均匀的河虾，去除虾须、虾脚，洗净后沥干。（图①、图②）

❷ 向盆中打入鸡蛋，放入干淀粉、面粉充分搅匀成鸡蛋面粉糊，将虾放入盆中，均匀地裹上一层鸡蛋面粉糊。（图③、图④）

❸ 油锅烧至七成热，放入河虾，炸至酥脆、色泽金黄时捞起，沥油，放入盘中。（图⑤）

❹ 待河虾完全放凉时撒上盐、味精、花椒粉即可。（图⑥）

● 下饭 秘诀 ●

◎ 虾必须要沥干，以免稀释蛋糊，炸不成形。
◎ 炸制河虾时油温一定要高，快速炸熟后快速盛出。

拉糟鱼块 炸

[原 料]　鲜黄鱼1条，鸡蛋（取蛋清）1个，葱末、姜末各1大匙，香菜叶少许。

[调 料]　A.红糟25克，白糖4小匙，盐2小匙，味精、料酒、香油、花椒、五香粉
　　　　　各少许；B.淀粉100克，水淀粉少许，油适量。

[做 法]

❶ 备齐所需材料。黄鱼洗净，切块。

❷ 鱼块用调料A加部分蛋清和葱末、姜末调成的红糟汁腌渍15分钟，然后用剩余
　蛋清和淀粉制成蛋清浆，将腌渍的鱼块上浆。（图①、图②）

❸ 油锅烧热，放入鱼块，炸熟后捞出，沥干。

❹ 另起油锅烧至七成热，倒入红糟汁，加水淀粉勾芡，倒入鱼块拌匀后装盘，撒
　香菜叶即可。（图③）

第二章

蒸、煮、炖、烧，
下饭好营养

蒸、煮、炖、烧可以最大程度保留食材营养，可谓下饭又营养。

椒香臭豆腐 蒸

[原 料]

臭豆腐300克，剁椒、泡椒各50克，葱花、蒜末各适量。

[调 料]

生抽1大匙，香油2小匙。

[做 法]

❶ 备齐所需材料。臭豆腐切块；剁椒洗净，切碎；泡椒切斜段。（图①）

❷ 油锅烧热，炒香蒜末，放入剁椒碎、泡椒段炒香，盛出，备用。（图②、图③）

❸ 将臭豆腐装盘，铺上炒香的剁椒碎、泡椒段，淋上生抽，放入蒸锅蒸约15分钟，取出。（图④、图⑤）

❹ 在蒸好的臭豆腐上淋香油，撒葱花即可。（图⑥）

● 下饭 秘诀 ●

如果豆腐是与多种材料一起蒸制，可将豆腐放在最底层，以便其入味。

蒸豆干

[原 料]　熏豆干250克，剁椒100克，葱、姜、香菜叶各适量。

[调 料]　盐、麻油、鸡精各适量。

[做 法]

❶ 熏豆干切条；葱洗净，切末；姜洗净，切丝；备好剁椒。（图①）

❷ 油锅烧热，放入豆干条略煎后，盛入盘中。

❸ 将剁椒放在豆干条上，再放入盐、鸡精、姜丝，滴入麻油。（图②）

❹ 将盘子放入上汽的蒸锅中，蒸12分钟后取出，拌匀，最后撒上葱末，点缀上香菜叶即可。（图③）

干菜焖肉 蒸

[原　料]　猪五花肉400克，梅干菜丁60克，葱花10克。

[调　料]　酱油25克，白糖20克，黄酒2小匙，红曲1小匙，八角、桂皮各3克，味精半小匙，茴香适量。

[做　法]

❶ 猪五花肉洗净，切块，放入沸水中氽烫，捞出，备用。

❷ 锅中放入250毫升清水，加酱油、黄酒、桂皮、茴香、八角，放入猪五花肉块，加盖用大火煮至八成熟，加入红曲、白糖和切好的梅干菜丁，翻拌均匀，改用中火煮约5分钟，至卤汁将干时，加入味精，起锅。

❸ 取扣碗1只，先放少许煮过的梅干丁菜垫底，然后将猪五花肉块皮朝下整齐地排放于上面，盖上剩下的梅干菜丁，再移至蒸笼用大火蒸约2小时，待到肉酥糯时取出，扣于盘中，撒上葱花即可。（图①~图③）

豆豉凤爪 蒸

[原 料]

凤爪500克，红辣椒末25克，葱末、姜末各10克。

[调 料]

豆豉、酱油、料酒各25克，白糖1小匙，盐、香油各半小匙，味精、胡椒粉各少许，水淀粉适量。

[做 法]

❶ 备齐所需材料。将豆豉淘洗干净，切细末；凤爪洗净，斩成两段。（图①）

❷ 凤爪段用开水汆烫一下，捞出，沥干，趁热加酱油拌匀腌渍一下，放入八成热的油锅中略炸后捞出，沥油。（图②）

❸ 另取油锅烧至六成热，下葱末、豆豉末、红辣椒末、姜末炒香，加入凤爪及少量清水、料酒、盐、味精、酱油、白糖、胡椒粉煮开，加盖，改用小火焖10分钟，留汁待用。

❹ 取出凤爪，放入蒸碗中，上笼蒸至酥烂，滗去水，扣于盘中；将煮凤爪的原汁去姜、葱等，勾芡，将香油浇在凤爪上即可。（图③~图⑥）

● 下饭 秘诀 ●

凤爪段汆烫后一定要趁热加入酱油，这样不但可以让凤爪入味，而且也容易将凤爪上色。

三素蒸排骨 蒸

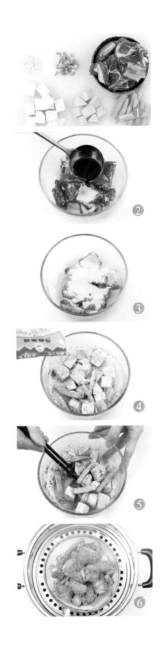

[原料]

猪排骨段750克，芋头块500克，红薯块400克，四季豆300克，大米粉50克，葱花5克。

[调料]

白糖、盐、味精、胡椒粉各1小匙，酱油、料酒各1大匙，香料粉2小匙，香油4小匙。

[做法]

❶ 备齐所需材料。（图①）

❷ 将猪排骨段放入碗中，放入盐、酱油、料酒、白糖、胡椒粉、香料粉、味精、香油拌匀，待腌渍入味后，再加入部分大米粉拌匀。（图②、图③）

❸ 碗中再放入芋头块、红薯块和四季豆段，加入适量盐和味精，再加入剩余大米粉拌匀。（图④、图⑤）

❹ 先将四季豆段放入小蒸笼内垫底，再将芋头块、红薯块排放在中间，最后摆上猪排骨段，放入笼蒸约50分钟，至猪排骨段酥烂时出笼，撒上胡椒粉、葱花即可。（图⑥）

● 下饭  秘诀 ●

◎ 此道菜品用猪肋排制作。
◎ 蒸时注意原料的加入顺序。

水煮猪肝 煮

[原 料]

猪肝300克，葱2根，白菜1小把，姜适量，蒜3瓣。

[调 料]

郫县豆瓣酱、料酒、干淀粉、生抽各1小匙，盐适量，老抽、胡椒粉、干辣椒、花椒各少许。

[做 法]

❶ 备齐所需材料。姜切丝；蒜拍碎；白菜洗净，掰碎；葱切碎。（图①）

❷ 猪肝洗净，去白筋，放入淡盐水中浸泡30分钟，捞起，沥干，切薄片，加生抽、料酒、干淀粉、胡椒粉搅拌均匀腌渍15分钟。（图②）

❸ 将白菜块放入沸水锅内焯烫3分钟，捞起，沥干，放入碗底。

❹ 油锅烧热，放入姜丝、蒜瓣、郫县豆瓣酱炒出红油，倒入适量沸水，煮开后加老抽、盐，放入腌好的猪肝片，用筷子拨散，煮至猪肝全部变色后继续煮5分钟，将猪肝捞入装有白菜的碗中。（图③、图④）

❺ 碗中放入干辣椒、花椒和葱末，淋热油即可。（图⑤、图⑥）

● 下饭 秘诀 ●

　　猪肝烹调后通常容易有腥味，要让猪肝吃起来更美味，应该在烹调前先将猪肝放入清水或淡盐水中浸泡，并冲洗净血水，这样就不容易有腥味，而且吃起来也会更软嫩。

香炖鸡腿菇 炖

[原料] 鸡腿菇400克，姜、蒜、香菜叶各适量，罗勒叶少许。

[调料] 香油、盐各半小匙，冰糖、老抽各适量。

[做法]

❶ 鸡腿菇放入清水中浸泡，洗净，切成块；姜洗净，切片；蒜洗净，切片。（图①）

❷ 锅置火上，放入适量香油烧热，放入姜片和蒜片煸炒出香味，再放入鸡腿菇块翻炒片刻。（图②）

❸ 锅中下入冰糖翻炒至冰糖化开，待其均匀地沾满鸡腿菇块，调入盐略炒，盛出。（图③）

❹ 在砂锅的底部铺罗勒叶，放入炒好的鸡腿菇块，调入老抽，加适量开水，盖上盖，小火炖25分钟，然后转大火炖至汤汁黏稠，最后放入香菜叶即可。

酸萝卜炖排骨 炖

[原 料]　猪肋排300克，酸萝卜200克，小朝天椒3个，香菜1棵，大葱数段，姜片适量。

[调 料]　料酒1大匙，盐、白糖、香油各1小匙。

[做 法]

❶ 备齐所需材料。猪肋排洗净，剁成段；酸萝卜切成滚刀块；小朝天椒切斜段；香菜洗净，切段，备用。（图①）

❷ 锅中盛水，煮沸后加入猪肋排，氽烫片刻去除血沫，捞出，备用。（图②）

❸ 锅中加水，放入大葱段和小朝天椒段、鲜姜片和猪肋排段，大火烧开，转小火煮约30分钟后加入料酒、酸萝卜块，煮至排骨软烂。

❹ 锅中放入盐、白糖和香油关火，装盘，撒上香菜段即可。（图③）

白菜炖牛肉 炖

[原料]

牛肉片400克，白菜叶300克，青蒜段50克，葱片、姜片、蒜片共50克。

[调料]

豆瓣酱、料酒、老抽各2小匙，玉米淀粉1小匙，盐半小匙，味精少许。

[做法]

❶ 备齐所需材料。白菜叶洗净，切成块。（图①）

❷ 牛肉片放入碗内，加少许盐、玉米淀粉和料酒拌匀上浆。（图②）

❸ 油锅烧热，放入葱片、姜片、蒜片和豆瓣酱煸炒出香味。（图③、图④）

❹ 锅中加入老抽、料酒和适量水，放入白菜块和青蒜段，大火烧开，放入牛肉片，加盐和味精，烧沸，待牛肉熟后出锅即可。（图⑤、图⑥）

● 下饭  秘诀 ●

炖牛肉时要用热水，如此可以让牛肉表面的蛋白质迅速凝固，而且炖煮过程中不要放凉水，以免影响口感。

麻辣羊肉炖

[原料]

羊腩400克，菠菜100克，白萝卜80克，黑木耳、姜各20克。

[调料]

A.辣豆瓣酱1大匙，花椒粒1小匙，干辣椒2个；B.蚝油1大匙，盐、白糖各1/4小匙，草果1颗，大料3粒，桂皮1小根。

[做法]

❶ 羊腩洗净，切块；菠菜洗净，切段；白萝卜去皮，切滚刀块；黑木耳切片；姜切片；干辣椒切段，备用。（图①）

❷ 锅中加水，将水煮沸后加入羊腩块氽烫约5分钟，捞出，洗净。（图②）

❸ 油锅烧热，放入姜片、调料A，小火炒约2分钟，加入羊肉块略炒。（图③、图④）

❹ 锅中加入水及调料B，放入白萝卜块以小火炖约30分钟，加入黑木耳片、菠菜段煮沸即可。（图⑤、图⑥）

● 下饭 秘诀 ●

烹制羊肉的过程中，可加入少许橘子皮，这样可去除腥味，增加美味口感。

芋头炖肥肠 炖

[原 料]　熟肥肠350克，芋头200克，蒜8瓣。

[调 料]　料酒1大匙，水淀粉、蚝油各2小匙，老抽、白糖、盐各1小匙，胡椒粉、味精各少许。

[做 法]

❶ 芋头洗净，去皮，切滚刀块；肥肠从中间切开，再斜切成块；备好其他材料。（图①）

❷ 油锅烧热，放入芋头块，待芋头颜色变黄时，放入肥肠块和蒜瓣，稍炸后捞出。（图②）

❸ 锅底留油，加入蚝油、料酒、老抽和适量水，放入肥肠块、芋头块和蒜瓣，加胡椒粉、味精、盐和白糖，烧沸后用水淀粉勾芡，小火稍炖即可。（图③）

下饭指数 ★★★★

栗子烧大葱 烧

[原 料]　栗子100克，葱白段、猪瘦肉各适量，海米、葱丝、姜丝各10克。

[调 料]　老抽1小匙，盐、味精各少许，料酒、白糖各2小匙，高汤100克。

[做 法]

❶ 将葱白段纵向剖成长条；栗子去皮，洗净；备好其他食材。（图①）

❷ 将葱条下入热油锅中炸黄，捞出，用开水烫一下，沥干水。（图②）

❸ 油锅烧热，将猪肉洗净，切丝，放入油锅中炒香，放入姜丝，烹入老抽、料酒、盐、味精炒匀。

❹ 将肉丝炒熟，放入碗内，上面摆一圈栗子，加入海米、白糖，最上面铺上葱条，放入蒸锅蒸15分钟，至所有材料熟透。（图③）

❺ 取出碗扣在汤盘内，浇上烧热的高汤即可。

黄瓜木耳烧腐竹 烧

[原 料] 水发黑木耳250克，腐竹、黄瓜各100克，葱、蒜各适量。

[调 料] 高汤、水淀粉、盐各适量。

[做 法]

❶ 水发黑木耳去蒂，洗净，撕小朵；腐竹泡发，洗净，切段；黄瓜洗净，切片；葱、蒜均洗净，切末。（图①）

❷ 油锅烧热，炒香葱末、姜末，放入黑木耳、腐竹段略翻炒。（图②）

❸ 锅中加入高汤和适量的清水，烧5分钟，然后放入黄瓜片、盐炒匀，最后加水淀粉勾芡即可。（图③）

牛奶咖喱土豆烧

[原 料]　土豆350克，豆腐200克，洋葱100克，薄荷叶适量。

[调 料]　牛奶100毫升，咖喱块适量。

[做 法]

❶ 将土豆洗净，去皮，切片，放入沸水中焯烫至断生后捞出，沥干水，备用；将豆腐放入沸水中焯烫至紧实后捞出，沥干水，切片；洋葱洗净，切丝。（图①）

❷ 油锅烧热，放入豆腐片煎至两面金黄后装盘；再将土豆片煎至两面金黄，盛出，置于碗中，备用。（图②）

❸ 锅底留油，放入洋葱丝爆香后加入煎好的土豆片、豆腐片、牛奶和水，待水煮沸后加入咖喱块，搅拌均匀直至咖喱块化开，改小火收汁，盛出，点缀上薄荷叶即可。（图③）

冬瓜烧面筋 烧

[原料]

冬瓜500克，面筋50克，姜1小块。

[调料]

老抽1大匙，盐、味精各少许。

[做法]

❶ 姜洗净，切片；面筋切丁；冬瓜去皮，去瓤，洗净，切块，备用。（图①）

❷ 将冬瓜块、面筋丁分别放入沸水中焯烫，捞出，沥水。（图②、图③）

❸ 油锅烧热，放入姜片煸香，放入冬瓜块和面筋丁，炒匀。（图④）

❹ 锅中加入老抽、盐、味精、适量清水，焖烧收汁后出锅即可。（图⑤、图⑥）

● 下饭 秘诀 ●

◎ 冬瓜用焯烫做预处理，可避免出水过多的现象。

◎ 减少冬瓜加热时间，可以保留其软嫩口感。

鲜香香菇烧

[原料]

鲜香菇300克，蒜100克，青椒50克。

[调料]

盐1小匙，胡椒粉、味精各少许，鲜汤50毫升，水淀粉1大匙。

[做法]

❶ 将鲜香菇洗净，切薄片；蒜去皮，洗净；青椒洗净，切块。（图①）

❷ 油锅烧热，放入蒜瓣爆香，再加入青椒块、香菇片翻炒片刻。（图②、图③）

❸ 锅中加入盐、胡椒粉、鲜汤，烧至香菇熟透。（图④、图⑤）

❹ 加入味精调味，用水淀粉勾芡即可。（图⑥）

● 下饭 秘诀 ●

◎ 将大蒜先入锅过油可保证其口感软熟，不碎烂。

◎ 香菇用清水冲净即可，不要反复多次冲洗，这样可保存香菇的鲜味。

酸辣冬瓜 烧

[原 料] 冬瓜500克，葱花、姜末、蒜末各适量。

[调 料] 蚝油2小匙，鸡精1小匙，生抽2大匙，醋3小匙，淘米水、剁椒酱、盐各适量。

[做 法]

❶ 备齐所需材料。淘米水倒入锅中煮沸，晾凉。（图①）

❷ 将冬瓜块放入晾凉的淘米水中，再加醋搅匀，加盖，浸泡6小时后捞出，备用。（图②）

❸ 油锅烧热，下入姜末、蒜末、剁椒酱炒香，放入冬瓜块，翻炒数下，加盐、鸡精、蚝油调味，炒匀后加入适量水，煮至入味。

❹ 待汁将尽的时候，放入葱花、生抽，炒匀即可。（图③）

下饭指数 ★★★★★

酸菜烧米豆腐 烧

[原 料] 酸菜80克，米豆腐250克，葱、红椒各适量。

[调 料] 水淀粉1大匙，盐、料酒、红油各适量，味精少许。

[做 法]

❶ 米豆腐切块；酸菜切碎；葱洗净，切成葱花；红椒洗净，切丁，备用。（图①）

❷ 油锅烧热，放入酸菜碎、红椒丁炒香，加入适量水，再放入米豆腐稍煮。（图②）

❸ 锅中加入红油、味精、料酒、盐调味，用水淀粉勾芡，大火收汁，撒上葱花即可。（图③）

黄金豆腐 烧

[原 料]

豆腐750克，胡萝卜30克，蒜末15克，洋葱末25克，姜末20克。

[调 料]

咖喱酱、盐、味精各半小匙，白胡椒粉少许，料酒1小匙，水淀粉2大匙，香油1大匙，鸡汤适量。

[做 法]

❶ 将豆腐洗净，切成略厚的片；胡萝卜洗净，切成小丁；备好其他材料。（图①）

❷ 油锅烧热（油要多些），放入豆腐片，待炸至两面金黄后捞出，沥油。（图②）

❸ 锅底留油，放入姜末、洋葱末、蒜末爆香，再放入胡萝卜丁略炒。（图③）

❹ 锅中放入炸好的豆腐片、盐、咖喱酱、白胡椒粉、料酒调味。（图④、图⑤）

❺ 将鸡汤加入锅中，待豆腐入味后调入味精，用水淀粉勾芡，出锅前淋入香油即可。（图⑥）

● 下饭 秘诀 ●

◎ 此道菜品宜选用嫩豆腐制作。

◎ 翻炒豆腐时注意火力，不要过大，以免粘锅。

腐乳烧肉 烧

[原料]

五花肉400克，油菜200克，香葱30克，姜20克。

[调料]

A.红腐乳40克，酱油100克，白糖3大匙，料酒2大匙；B.水淀粉1小匙，香油1小匙。

[做法]

❶ 备齐所需材料。五花肉洗净，切块；油菜洗净，去蒂后对切；香葱切小段；姜拍松，备用。（图①）

❷ 锅中盛水，将水煮沸后加入五花肉块氽烫约5分钟后，捞出，备用。（图②）

❸ 锅中放入适量水，放入葱段、姜、五花肉，再加入调料A拌匀。以大火煮沸后，盖上锅盖，再转小火煮约1.5小时，加入水淀粉勾芡，淋上香油。（图③～图⑤）

❹ 油菜焯烫后捞起，沥干，铺在盘底。将煮好的五花肉排放至盘上即可。（图⑥）

● 下饭 秘诀 ●

腐乳烧肉出锅时，喜欢葱味的朋友，可以撒上点新鲜的葱丝，这样味道会更好。

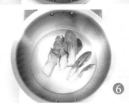

红烧五花肉 烧

[原料]

老姜50克，红尖椒1个，青葱2根，五花肉600克。

[调料]

料酒、酱油各100毫升，冰糖50克，五香粉1小匙，大料4粒。

[做法]

❶ 备齐所需材料。老姜洗净，去皮，切片；红尖椒洗净，切片；青葱洗净，切段。（图①）

❷ 锅中放入老姜片、青葱段，再加入所有调料、红尖椒片和适量的热水，大火煮至滚沸后转小火煮约30分钟，做成卤汁，备用。（图②、图③）

❸ 五花肉洗净，切块。锅中加水，将水煮沸后放入五花肉汆烫片刻，捞起，沥干，备用。（图④）

❹ 将五花肉放入卤汁中，再次滚沸后盖上锅盖，转小火煮至五花肉块软烂，汤汁略收即可。（图⑤、图⑥）

● 下饭 秘诀 ●

加水或高汤炖煮五花肉时一定要加热水或热汤，这样可以让肉很快炖煮至软烂，切勿加凉水。

好运排骨烧

[原料]

猪排骨500克，姜片、葱段各适量。

[调料]

叉烧酱1大匙，排骨酱、红曲米粉各1小匙，料酒2小匙，胡椒粉少许，冰糖20克，盐、老抽、醋各半小匙，味精适量。

[做法]

❶ 备齐所需材料。将猪排骨洗净，剁成块。（图①）

❷ 排骨块中加入盐、料酒、葱段、姜片、胡椒粉、味精腌渍3小时。（图②）

❸ 油锅烧热，加入腌渍好的排骨段，炸至两面金黄时捞出，沥油。（图③）

❹ 另取一锅，加入适量清水，放入红曲米粉和炸好的排骨段，待排骨上色后，放入叉烧酱、排骨酱、冰糖、老抽、醋，烧至排骨酥烂后再烧5分钟，待汤汁浓稠时，起锅即可。（图④~图⑥）

下饭秘诀

红曲米粉用量不可太多，否则色深发黑，影响菜品色泽。

土豆烧排骨 烧

[原料]

猪排骨500克，土豆2个，辣椒1个，葱、姜各适量。

[调料]

盐1小匙，咖喱3块，生抽3小匙。

[做法]

❶ 将猪排骨洗净，切块，氽烫后捞出，沥干，备用；土豆去皮，切滚刀块；姜去皮，切片；葱、辣椒均切碎。（图①）

❷ 油锅烧热，加葱碎、姜片及辣椒碎爆香，放入猪排骨，加咖喱块翻炒均匀。（图②、图③）

❸ 倒入清水没过猪排骨，加生抽后大火烧开，转中火烧20分钟，加入土豆块和盐，继续烧20分钟至汤汁浓稠即可。（图④~图⑥）

● 下饭 秘诀 ●

切滚刀块是一种切菜法。先斜切一刀，把切面翻朝上面，在切面的二分之一处斜切，再把上一次的切面翻朝上面，在约二分之一处斜切，这样不断地一翻一切即可切成滚刀块。

冬瓜烧丸子 烧

[原料]

猪肥瘦肉600克，冬瓜500克，鸡蛋1个，姜15克，葱10克。

[调料]

豆瓣酱150克，料酒4小匙，盐、鸡精各半小匙，酱油2小匙，干淀粉35克，鲜汤100克。

[做法]

❶ 备齐所需材料。冬瓜去皮、瓤，洗净，切块；姜洗净，拍破；葱洗净，切段；豆瓣酱剁细。（图①）

❷ 将猪肥瘦肉剁细，加入鸡蛋、盐、干淀粉，搅匀成馅，再将肉馅用手捏成直径为2.5厘米的丸子。（图②、图③）

❸ 油锅烧热，将丸子入锅炸成金黄色，待其表面起硬膜时起锅。（图④）

❹ 油锅烧至二成热，放入豆瓣酱、姜块、葱段烧香出色，加入鲜汤，放入炸好的肉丸子，再加盐、料酒、酱油烧约20分钟，放入冬瓜块，烧至冬瓜块软熟入味时，放入鸡精，搅匀起锅即可。（图⑤、图⑥）

● 下饭 秘诀 ●

◎ 肉馅要干，不能调制得太湿。

◎ 冬瓜入锅烧至软熟后即起锅，否则太烂不易成形。

酸辣排骨烧

[原料] 泡豆角50克，排骨400克，红椒适量。

[调料] 盐半小匙，味精少许，老抽2大匙，干红辣椒适量。

[做法]

❶ 排骨洗净，剁成小段；泡豆角切成长约3厘米的段；干红辣椒洗净，切圈；红椒洗净，切成小块。（图①）

❷ 油锅烧热，放入排骨，待排骨变色，再放入泡豆角段、红椒块、干红辣椒圈，翻炒均匀。（图②）

❸ 锅中加入老抽翻炒上色，待排骨软烂，加入盐、味精调味，炒匀即可。（图③）

麻花烧猪排 烧

[原料] 猪排骨500克，麻花5根，姜片、葱段各10克，蒜片5克。

[调料] 干辣椒2个，卤料包1个（内含大料、罗汉果各10克，桂皮6克，花椒5克，丁香3克，小茴香2克，草果1个），郫县豆瓣酱、老干妈豆豉各2小匙，白糖1小匙，花椒、鸡精各少许。

[做法]

❶ 排骨剁成小块；麻花切段；干辣椒去蒂，切圈；备好其他材料。

❷ 排骨放入凉水锅中汆烫后，捞入卤锅中，加适量清水、卤料包、半份葱段和姜片用小火煮熟，捞出，沥干，备用。（图①）

❸ 油锅烧热，放入卤好的排骨炸至金黄色，捞出。（图②）

❹ 锅底留油，放剩余材料和调料炒匀，再放入炸好的排骨炒匀，起锅装盘即可。（图③）

豆豉烧仔排 烧

[原料]

猪排骨300克，蒜末、姜末各15克，野山椒10克。

[调料]

盐半小匙，水淀粉1大匙，水豆豉70克，鸡精少许，辣红豆瓣4小匙，料酒2小匙，鲜汤500毫升。

[做法]

❶ 备齐所需材料。猪排骨洗净，切成5厘米的段；野山椒切碎。（图①）

❷ 将猪排骨放入沸水中氽烫，去血水，捞出，洗净。（图②）

❸ 油锅烧至六七成热时，放入辣红豆瓣炒香，放入姜末、蒜末、野山椒碎炒香。（图③）

❹ 锅中加入鲜汤、盐、料酒调味后，放入排骨、水豆豉，烧至排骨熟软时加入水淀粉收汁，最后放入鸡精，推匀起锅装盘即可。（图④~图⑥）

● 下饭 秘诀 ●

◎ 烧制时用中小火即可。

◎ 可根据自己口味控制水豆豉、辣红豆瓣的用量。

肝菌烧肚片 烧

[原料]

猪肚200克，牛肝菌100克，泡辣椒、蒜片、姜片各10克，野山椒20克。

[调料]

盐1小匙，鲜汤200毫升，水淀粉1大匙，胡椒粉、味精各少许。

[做法]

❶ 备齐所需材料。将猪肚搓洗干净，放入锅中煮熟，放凉后切成条；牛肝菌泡发后洗净，切条；野山椒切碎。（图①、图②）

❷ 油锅烧至四五成热时，放入姜片、蒜片、野山椒碎、泡辣椒炒出香味。（图③）

❸ 锅中加入鲜汤，烧沸后加入盐、胡椒粉调味，然后放入猪肚条、牛肝菌条，转中火烧至入味，待材料熟后放入味精，用水淀粉勾芡，起锅装盘即可。（图④～图⑥）

● 下饭 秘诀 ●

◎ 牛肝菌需洗净，不带泥沙。

◎ 用水淀粉勾芡时，芡汁的浓稠度应适中。

笋尖烧牛肉 烧

[原料]

牛腩500克，鲜笋尖300克，姜、葱各20克。

[调料]

干红辣椒10克，白糖半小匙，盐、料酒各1小匙，花椒、味精各少许，辣豆瓣60克，草果15克，鲜汤适量。

[做法]

❶ 备齐所需材料。牛腩洗净，切成3厘米见方的块；姜洗净，拍碎；葱洗净，切段；干红辣椒切圈。（图①）

❷ 将牛腩肉放入沸水中氽烫去腥，捞出。（图②）

❸ 油锅烧热，放入干红辣椒圈、辣豆瓣炒香，再放入葱段、姜片、草果和花椒炒出香味，加入鲜汤。（图③、图④）

❹ 煮沸后加入盐、白糖、料酒、牛腩，待牛腩烧至七成熟时，放入笋尖，烧至入味后，加味精调味，出锅装盘即可。（图⑤、图⑥）

● 下饭 秘诀 ●

◎ 牛肉切块不宜过小。
◎ 烧制菜品时，控制好鲜汤的用量及烧制的火力与时间。

香菜牛腩(烧)

[原 料] 牛腩125克,香菜梗75克,鸡蛋(取蛋清)1个,葱段适量,香菜叶少许。

[调 料] 剁椒8克,水淀粉2小匙,酱油、味精、盐、香油各少许,高汤、料酒各适量。

[做 法]

❶ 牛腩洗净,切小块;香菜梗洗净,切成寸段;葱洗净,切段。

❷ 将牛腩块加上鸡蛋清、水淀粉调均匀。油锅烧至四成热时,加入牛腩块炸熟,控油。(图①、图②)

❸ 另起油锅烧至八成热,放入葱段炒香,然后放入香菜梗段、酱油、料酒、盐、味精、高汤一起炒,最后加入牛腩块,颠翻几下,淋上香油,撒剁椒调味,装盘,用香菜叶点缀即可。(图③)

香菇烧牛肉 烧

[**原 料**]　牛柳350克，水发香菇200克。

[**调 料**]　郫县豆瓣酱、葱姜油各2大匙，水淀粉1大匙，料酒、花椒油各2小匙，
盐1小匙，胡椒粉、味精、嫩肉粉各少许，鲜汤适量。

[**做 法**]

❶ 牛柳洗净，切条；水发香菇洗净，切块；备好其他材料。（图①）

❷ 将牛柳放在大碗中，加入嫩肉粉、少许盐、胡椒粉、1小匙料酒、部分水淀粉
抓匀上浆，放入油锅炒至变色，捞出。（图②）

❸ 另起油锅烧热，放入郫县豆瓣酱炒出红油，加入鲜汤，调入盐、1小匙料酒
调味。

❹ 待锅中煮沸后，加入牛柳条、香菇块，烧至入味后，加味精，用剩余水淀粉勾
芡，出锅前淋入葱姜油和花椒油即可。（图③）

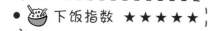

家常烧羊肉 烧

[原料]

鲜羊肉500克，土豆2个，姜块（拍破）10克，葱段20克。

[调料]

盐、味精各半小匙，料酒、水淀粉各1大匙，鲜汤400克，油适量。

[做法]

❶ 备齐所需材料。羊肉洗净，切块；土豆洗净，去皮，切块。（图①）

❷ 油锅烧至七成热，下羊肉块炸去水分，捞出。（图②）

❸ 油锅烧热，下姜块、葱段炒香，加鲜汤、料酒，放入羊肉块。（图③、图④）

❹ 小火烧至羊肉熟软，放入土豆块，加入盐、味精、水淀粉推匀，起锅装盘即可。（图⑤、图⑥）

● 下饭 秘诀 ●

◎ 羊肉水分要炸干。
◎ 烧制菜品时要控制火候，用小火烧制。

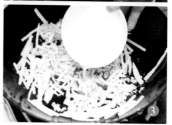

冬笋鸡丝烧

[原料] 鸡脯肉200克，冬笋、香菇各50克，鸡蛋（取蛋清）2个，薄荷叶少许。

[调料] 盐1小匙，味精、白糖、干淀粉、水淀粉、香油各适量，鸡汤1小碗。

[做法]

❶ 冬笋放入水中浸泡约1小时（中间换水1次），捞出，沥干，切丝；香菇洗净，切成细丝；将鸡脯肉剔去筋膜，洗净，挤干水后切成细丝；鸡蛋清放在碗内搅开，加干淀粉拌匀，放入鸡丝轻轻拌匀后，再加香油抓拌一下。（图①）

❷ 油锅烧热，放入鸡丝滑散，待鸡丝变色时捞出，沥干。（图②）

❸ 锅底留油，放入香菇丝稍煸，迅速加入鸡丝、笋丝，放入盐、白糖、味精和鸡汤，用水淀粉勾薄芡，继续翻炒，直到所有材料全部熟透后起锅装盘，用薄荷叶点缀即可。（图③）

腐乳汁烧鸡翅 烧

[原料] 鸡翅10个，红椒、葱、姜、蒜各适量。

[调料] 腐乳汁、白糖各适量。

[做法]

❶ 鸡翅洗净，沥干，切成两段；红椒洗净，切斜段；葱洗净，切段；姜洗净，切片；蒜去皮，拍散，备用。（图①）

❷ 油锅烧热，放入鸡翅，煸炒至表皮发紧，盛入盘中。（图②）

❸ 锅底留油，爆香红椒段、葱段、姜片、蒜，放入鸡翅、腐乳汁、白糖，然后加适量清水，小火煮至汤汁略收，最后用大火收汁即可。（图③）

竹荪烧土鸡 烧

[原料]

土鸡450克，水发竹荪75克，牛肝菌50克，姜20克，葱30克。

[调料]

葡萄酒45毫升，盐、香油各1小匙，料酒2大匙，胡椒粉、味精各少许，鲜汤50毫升。

[做法]

❶ 备齐所需材料。土鸡洗净，切块；水发竹荪择去老残部分，切成厚片；姜拍破，切片；葱洗净，切段；牛肝菌洗净，切块。（图①、图②）

❷ 油锅烧至四成热，下姜片、葱段爆香，再下鸡块炒至出油。（图③）

❸ 锅中倒入鲜汤，烹入料酒、葡萄酒烧开，放盐、胡椒粉、竹荪片，转小火慢烧至鸡肉熟软时，下牛肝菌块、味精、香油，收汁起锅即可。（图④~图⑥）

● 下饭 秘诀 ●

◎ 锅中放入牛肝菌后应改小火慢烧。

◎ 竹荪不能放得太早，否则容易烧得软烂。

烧鸡块 烧

[原料]

嫩鸡肉200克，西红柿、鸡蛋各1个，葱、姜各5克。

[调料]

老抽1大匙，料酒、水淀粉各2小匙，盐、味精各少许，白糖4小匙，香油1小匙，鲜汤200毫升。

[做法]

❶ 备齐所需材料。西红柿去蒂，洗净，切滚刀块；葱、姜均洗净，切末。（图①）

❷ 鸡肉洗净，切成块，用少许盐、味精、料酒腌渍一下，再用鸡蛋、水淀粉拌匀上浆。（图②）

❸ 油锅烧至五成热时，放入鸡块，滑炒至鸡块变成白色。（图③）

❹ 锅中放入葱末、姜末煸出香味，加入老抽、料酒、盐、白糖、鲜汤烧沸。（图④）

❺ 烧沸后改小火烧约20分钟，再放入西红柿块、味精，稍焖片刻，淋香油，出锅即可。（图⑤、图⑥）

● 下饭 秘诀 ●

◎ 鲜汤烧沸后要用小火烧制，这样才能将调料的香味渗透到鸡肉中。

◎ 西红柿一定要后入锅，这样西红柿中的营养不易损失。

鸡合渣烧

[原 料]　净鸡肉300克，白菜100克，大豆50克，葱花15克。

[调 料]　鸡汤400克，香油1大匙，鸡油2大匙，盐、味精各少许。

[做 法]

❶ 将白菜洗净，片成片；大豆洗净，放入清水中泡发；鸡肉洗净，切丁；备好其他食材。（图①）

❷ 大豆下入砂锅内，加鸡汤烧开，煮至断生，下入鸡丁煮沸。（图②）

❸ 砂锅中放入白菜片，加盐、鸡油、葱花小火炖至大豆、鸡丁熟透，最后加味精，淋入香油拌匀即可。（图③）

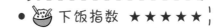

麻辣鸡腿烧

[原 料] 鸡腿500克，鸡蛋1个，蒜片适量，香菜叶少许。

[调 料] 酱油2小匙，料酒半大匙，花椒粉、醋、高汤、香油各1小匙，干淀粉、辣椒油、白糖、味精、水淀粉各适量。

[做 法]

❶ 先将鸡腿去骨，切块，洗净，加入打散的鸡蛋液、味精、酱油、干淀粉，搅拌后腌渍30分钟。（图①）

❷ 油锅烧热，将鸡腿肉块炸至呈金黄色，捞出，沥干，备用。（图②）

❸ 锅底留油烧热，放入蒜片大火快速翻炒，放入花椒粉，再放鸡腿肉块、味精、酱油、白糖、醋、料酒、高汤拌炒均匀，然后用水淀粉勾芡，淋上香油、辣椒油炒匀后装盘，用香菜叶点缀即可。（图③）

茭白烧鸭块 烧

[原料]

鸭肉150克,茭白半根,青尖椒、红尖椒各1个,姜5克,香葱4克,大蒜2瓣。

[调料]

冰糖1大匙,盐、生抽各半小匙,料酒、老抽各1小匙,陈皮、茴香各5克。

[做法]

❶ 鸭肉洗净,切块;青尖椒、红尖椒洗净,去籽后切小块;香葱切小段;姜切片;大蒜拍扁,切末;茭白去外皮,切成滚刀块;备好其他材料。(图①)

❷ 将水煮沸后加入鸭肉块汆烫片刻,捞出,沥干。(图②)

❸ 油锅烧热,下姜片、蒜末煸香,放入鸭块煸炒至出鸭油。(图③)

❹ 油锅烹入料酒、老抽、生抽翻炒均匀,放入陈皮、茴香、冰糖和适量清水煮开,转小火炖半小时左右,撒上葱段。(图④)

❺ 锅中放入茭白块和青尖椒块、红尖椒块继续烧至鸭肉入味酥软,加入盐调味即可。(图⑤、图⑥)

● 下饭  秘诀 ●

鸭肉烧制前需煸去鸭油,这样在烧制时可使鸭汤清且不油腻,口感更好。

鸡丁烧鸭血 烧

[原料]

八成熟的新鲜鸭血500克，鸡脯肉80克，泡青菜50克，泡辣椒25克，姜末、葱末、蒜蓉各5克，香菜末15克。

[调料]

香油、干辣椒末各2小匙，香辣酱4小匙，火锅底料2大匙，孜然粉1小匙，白糖、味精各半小匙，鲜肉汤150毫升，盐少许，水淀粉适量。

[做法]

❶ 将鸭血切块，放入沸水中氽烫1分钟左右，捞出；鸡脯肉洗净，切成末；泡青菜、泡辣椒均切碎；备好其他材料。（图①、图②）

❷ 油锅烧热，放入姜末、葱末爆香，接着放入鸡脯肉末、泡青菜碎、泡辣椒碎、香辣酱、干辣椒末炒香，倒入适量鲜汤，翻炒均匀。（图③、图④）

❸ 锅中加入盐、火锅底料、白糖、味精调味，放入鸭血翻炒一下，待烧至鸭血入味时，用水淀粉勾芡，淋入香油，撒孜然粉，出锅前撒上香菜末即可。（图⑤、图⑥）

● 下饭 秘诀 ●

炒调料时火候不宜过大，以免调料炒煳后不香。

酸辣血旺 烧

[原料]

血旺1000克，野山椒50克，泡萝卜150克，肉末200克，蒜苗100克，姜20克。

[调料]

盐、鸡精、老抽各1小匙，郫县豆瓣酱100克，料酒1大匙，水淀粉100克，鲜汤250毫升。

[做法]

❶ 备齐所需材料。血旺切成2厘米见方的小块；野山椒剁成细末；泡萝卜切成细粒；蒜苗洗净，切成蒜苗花；姜洗净，切成姜末。（图①）

❷ 血旺块放入沸水中余烫去腥，捞出用水浸泡；肉末放入油锅炒香，加入少许料酒和盐制成肉臊。（图②、图③）

❸ 油锅烧热，放入郫县豆瓣酱炒香，然后再放入野山椒、泡萝卜粒、姜末、肉臊、盐、料酒、老抽和鲜汤，加入血旺后，用中小火烧至血旺入味，再放入蒜苗花、鸡精，用水淀粉勾芡，待汁稠、油亮后起锅装盘即可。（图④～图⑥）

● 下饭 秘诀 ●

◎ 血旺余水的时间不宜太长。
◎ 勾芡不宜浓；肉臊要炒香。
◎ 烧制血旺要用中小火，不宜用旺火。

老干妈鹅肠 烧

[原 料]　鹅肠350克，青尖椒、红尖椒、葱花各10克，香菜叶少许。

[调 料]　盐半小匙，老干妈酱适量。

[做 法]

❶ 鹅肠洗净，切条；香菜叶洗净；青尖椒、红尖椒均去蒂，洗净，切粒；备好其他材料。（图①）

❷ 油锅烧热，放入鹅肠翻炒片刻，放入青尖椒粒、红尖椒粒、老干妈酱、盐炒匀，加适量清水继续烧。（图②）

❸ 待材料熟时盛盘，撒上葱花、香菜叶即可。（图③）

豉椒带鱼烧

[原　料]　带鱼段300克，蒜瓣、葱花各15克，薄荷叶少许。

[调　料]　干红辣椒6个，豆豉20克，花椒10克，黑胡椒末6克，料酒1大匙，酱油2
小匙，盐、白糖各适量。

[做　法]

❶ 备齐所需材料。干红辣椒切段。将带鱼段中撒入黑胡椒末，放入料酒搅拌均
匀，腌10分钟。（图①）

❷ 油锅放入花椒烧热，待油微微冒烟时放入带鱼段，煎好后滤去多余的油。
（图②）

❸ 另起油锅烧热，加蒜瓣、豆豉、干红辣椒段煸出香味，放入煎好的带鱼段，翻
炒几下。

❹ 锅中放入酱油、白糖、盐，翻炒至汁干，撒上葱花，用薄荷叶点缀即可。
（图③）

下饭指数 ★★★★★

软烧蒜鲢鱼 烧

[原料]

鲜鲢鱼600克，蒜瓣50克，葱末15克，姜末10克。

[调料]

辣椒油40克，酱油、豆瓣酱各50克，盐半小匙，白糖40克，水淀粉、料酒各1大匙，醋25克。

[做法]

❶ 备齐所需材料。将鲢鱼洗净，剖腹去内脏，用水冲洗后擦干水，切成块。（图①）

❷ 油锅烧热，下入蒜瓣炸至皱皮时，捞出。锅底留油烧热，加入豆瓣酱炒1分钟，再加入料酒、姜末，用勺推匀。（图②、图③）

❸ 锅中下入盐、酱油搅拌均匀，下入鲢鱼块翻炒均匀，加入清水炒匀，用小火烧15分钟后再翻动一下，继续烧10分钟，待鲢鱼块入味时，加入白糖、水淀粉勾芡，再加入醋、葱末，最后加入辣椒油即可。（图④~图⑥）

● 下饭 秘诀 ●

◎ 用小火烹调，多翻动，以免粘锅。

◎ 烹调时，适当加入少许米醋或料酒，可让鱼鲜香可口。

陈皮带鱼  烧

[原料]

带鱼500克，九制陈皮适量。

[调料]

A.黄酒半小匙，盐、胡椒粉各少许；B.黄酒半小匙，白糖50克，醋2大匙，辣椒粉1小匙，味精少许；C.葱姜汁、淀粉各1小匙，熟白芝麻2大匙。

[做法]

❶ 带鱼洗净，解冻后切成2厘米宽的块；陈皮切末；备好其他食材。（图①）

❷ 带鱼块加调料A和葱姜汁腌渍15分钟，拍上淀粉，放入油锅炸熟，捞出，沥油。（图②）

❸ 锅中放入清水50克，加入调料B，烧至汤汁浓稠。（图③）

❹ 倒入炸好的带鱼，迅速翻动，炒匀。边翻带鱼边撒入陈皮末，待带鱼熟透且入味后，撒上熟白芝麻，起锅放凉，装盘即可。（图④~图⑥）

● 下饭 秘诀 ●

炸鱼前要先将鱼解冻后再腌制，这样可以避免油温降低，还可以避免油炸时水流出，影响鱼肉的口感。

葱花烧鲫鱼 烧

[原料]

活鲫鱼1条，笋丁、葱末、姜片各适量，葱
丝、香菜叶各少许。

[调料]

番茄酱1大匙，水淀粉2小匙，盐、白糖、料
酒、酱油各适量。

[做法]

❶ 备齐所需材料。将活鲫鱼处理干净，洗
净，沥干；笋丁加少许料酒、酱油、白
糖、盐、水淀粉搅匀成馅；将馅填入鱼腹
内，再在鱼身两面剞十字刀纹，抹上酱
油。（图①~图③）

❷ 油锅烧至七成热，将鱼放入，待鱼的一面
煎至金黄色后取出。

❸ 锅内放姜片、葱末炸香，再将鱼煎黄的一
面朝上放入，加适量料酒、盐、白糖、
水，盖上锅盖，小火烧约20分钟至完全熟
透后用大火收汁，将鱼盛入盘中摆上葱
丝。（图④、图⑤）

❹ 用水淀粉调番茄酱勾芡，浇在鱼身上，撒
上少许香菜叶即可。（图⑥）

● 下饭 秘诀 ●

　　　江浙一带习惯加一点糖来增添菜肴的口味层次，尤其在烧鱼
时添加一点冰糖，不但肉香更加浓郁甘醇，口感滑嫩软烂，连色
彩都更红润光泽。

辣味鲇鱼(烧)

[原 料] 鲇鱼500克，葱、姜、蒜苗、红椒各适量。

[调 料] 盐1小匙，料酒2小匙，老抽、辣椒酱、红油、酸辣椒、高汤、香油各适量。

[做 法]

❶ 将鲇鱼处理干净，切块；葱洗净，切段；姜洗净，切片；蒜苗洗净，斜切成段；酸辣椒切段；红椒洗净，切小块。（图①）

❷ 油锅烧热，放入鲇鱼块略炸，捞出，沥油。

❸ 锅底留油，放入姜片、酸辣椒段、红椒块炒香，注入高汤烧沸，放入炸好的鲇鱼块。（图②）

❹ 锅中再放入辣椒酱、红油、香油、盐、老抽、料酒拌匀，待鲇鱼熟透且入味后撒上葱段、蒜苗段即可。（图③）

三杯虾 烧

[原料] 鲜虾500克，蒜、洋葱各适量，朝天椒、姜各少许，薄荷20克。

[调料] 酱油、香油、醪糟各2大匙，冰糖5克，清鸡汤200毫升，白胡椒粉少许。

[做法]

❶ 洋葱、姜均洗净，切片；朝天椒切成斜片；鲜虾去头，剥壳，剔除肠泥；备好其他材料。（图①）

❷ 油锅烧热，爆香蒜、姜片、洋葱片和朝天椒片。

❸ 锅中放入鲜虾炒至变色，放入酱油、白胡椒粉和冰糖翻炒片刻。（图②）

❹ 锅中调入醪糟和清鸡汤，大火烧沸后小火焖烧40分钟。待汤汁收干时，淋入香油，加入薄荷炒匀即可。（图③）

麻辣龙虾 烧

[原 料]　小龙虾400克，姜末、蒜末、洋葱碎、葱叶各适量。

[调 料]　干辣椒5个，花椒6克，豆豉5克，黑胡椒粉适量，盐、生抽、白酒各少许。

[做 法]

❶ 备齐所需材料。小龙虾处理干净，洗净，备用。（图①）

❷ 油锅烧热，下入蒜末、干辣椒、洋葱碎、豆豉、黑胡椒粉、花椒、姜末炒香。

❸ 锅中下入小龙虾翻炒均匀，放入适量水，加盖烧6分钟。（图②）

❹ 锅中调入盐、生抽、白酒、葱叶稍翻数下，出锅即可。（图③）